U0347585

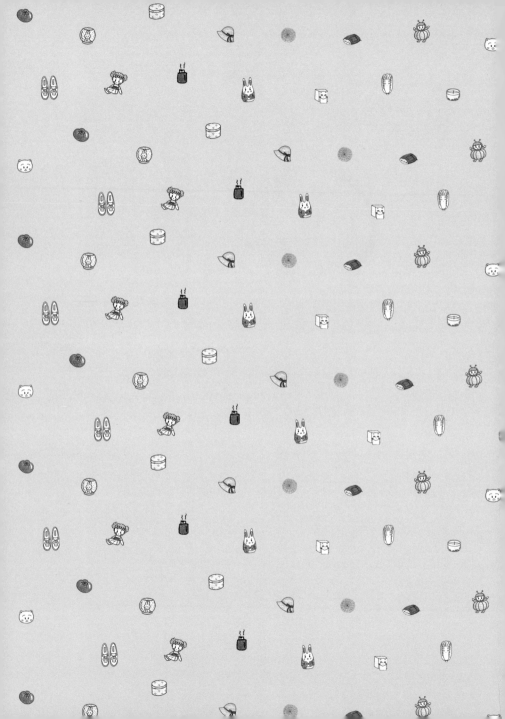

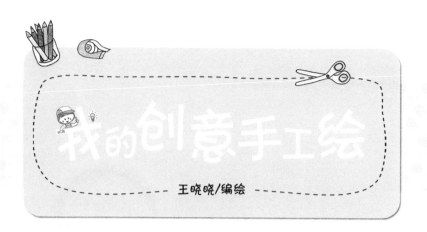

我的创意手工绘

王晓晓/编绘

西苑出版社
XIYUAN PUBLISHING HOUSE

北京

图书在版编目（CIP）数据

我的创意手工绘 / 王晓晓编绘 . — 北京 ：西苑出版社，2012.12
ISBN 978-7-5151-0300-6

Ⅰ . ①我… Ⅱ . ①王… Ⅲ . ①手工艺品－制作 Ⅳ .
① TS973.5

中国版本图书馆 CIP 数据核字（2012）第 252340 号

我的创意手工绘

编　　绘	王晓晓	
责任编辑	王秋月	
出版发行	西苑出版社	
通讯地址	北京市朝阳区和平街11区37号楼	
邮政编码	100013	
电　　话	010-88637122	
传　　真	010-88637120	
网　　址	www.xiyuanpublishinghouse.com	
印　　刷	小森印刷（北京）有限公司	
经　　销	全国新华书店	
开　　本	880mm×1230mm　1/32	
字　　数	100千字	
印　　张	5	
版　　次	2013年2月第1版	
印　　次	2013年2月第1次印刷	
书　　号	ISBN 978-7-5151-0300-6	
定　　价	29.80元	

（凡西苑出版社图书如有缺漏页、残破等质量问题，本社邮购部负责调换）

版权所有　　翻印必究

我的创意手工绘

在开始阅读本书前，请相信幸福惬意并不难！

手工制作不是简单的DIY，而是一种生活方式，

选择了一种生活方式，也就选择了一种生活。

自序

我有一个嗜好，

无论是碎布头，废纸盒，包装纸，

或是其他什么东西，

只要觉得以后有一天能派上用场，

我就会收集起来，

改造后再加以利用。

再次赋予东西美好的生命，

看着可爱或实用的小物件在自己手里诞生，

而且还能省钱，

是件非常幸福的事情。

对我来说，

保持赤子之心，

享受手工制作的过程，

细细感受这一份小小的成就感和幸福感，

让生活更多姿多彩，

是手工制作最大的意义。

# 目录

我的贴心布艺

妙趣生活最有爱

零碎升级大改造

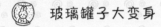 玻璃罐子大变身

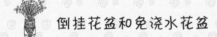 倒挂花盆和免浇水花盆

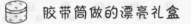 胶带筒做的漂亮礼盒

可爱的皮革小样

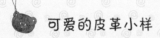 漂亮的艺术装饰灯

好用的亚克力颜料

玻璃罐子大变身

日常生活中会产生许多空玻璃罐

如果扔掉真的太浪费了,只要稍微
加工一下就能成为生活中的可爱小物哦!

方案1:玻璃罐相架♥
　　步骤①清洁罐子,晾干

② 放入相片

③ 欣赏

将美景、幸福回忆放进
罐子,好好保存!

方案2：玻璃罐水晶球 ♥

需要的材料有：

玻璃罐　　纯净水　　塑料玩偶　　亮片　　白胶

步骤① 用白胶将玩偶粘在瓶盖内侧.

   晾干

② 将亮片和水倒入玻璃罐中～

水不要倒太满哦！

③ 在瓶盖内侧周边涂白胶，盖在罐口上，扭紧～

 ← 水不要没过玩偶与盖子
的粘合处以及瓶口哦！

④ 放置一日晾干白胶，将罐子倒放～
水晶球完成啦！

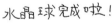

  喵～

倒挂花盆和免浇水花盆

矿泉水瓶、果汁瓶等塑料瓶,其实能变成非常有趣又实用的花盆哦!

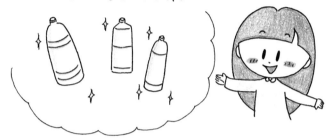

先来看倒挂花盆吧!

方法:①将塑料瓶从中间剪成两半!

②将有瓶口的半边的边缘扎3个洞~

锥子

③从普通花盆里取出盆栽,倒着放入塑料瓶,植物从瓶口处伸出~

④将绳子串过三个孔，勾上铁丝弯成的钩子～

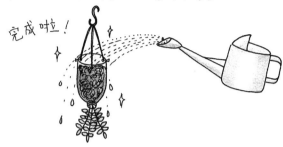

完成啦！

下面是免浇水花盆！

①同样也是将塑料瓶从中间剪开～

②将有瓶口的半边靠下的部分扎若干个小洞～

③瓶口向下放置在另外半边瓶座上。

④植入花草～

⑤将花草浇透水,在瓶座里也装上水,
是不是好几天忘记浇水也不怕啦?

懒人有福喽!

嘻嘻

← 常忘记浇花的家伙

胶带筒做的漂亮礼盒

胶带用完后会剩下纸筒~

不要丢掉,只要稍微加工一下,就能成为漂亮的礼物盒哦!

需要准备的材料:

胶带筒

胶带环
(可以来自较窄
的胶带,也可以
从胶带筒上割
下来)

OR

波纹硬纸或卡纸

硬纸壳或瓦楞纸壳

包装纸
OR
花布

棉花
OR

海绵片

白胶

步骤① 按照纸筒的内缘和外缘在硬纸壳上分别画出两个圆,剪下.

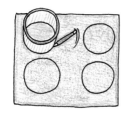

② 将四个圆片和胶带筒、胶带环都贴上包装纸或花布~

海绵
布
圆纸片

正面

布要比圆片大,边缘
剪成条状
布与圆片之间夹入棉花或海绵

将布条弯曲贴
于圆纸片内侧

胶带筒

布要比胶带筒
稍宽,围绕纸
筒贴一周,两
端边缘剪为条状

将布条弯曲贴于
胶带筒内侧

③ 将较大的两个圆片粘在纸筒和纸环上,成为盒子和盖子.

软软的♥

④将波纹硬纸或卡纸贴于胶带筒内侧～

波纹硬纸

可以固定盖子

⑤在盒子盒盖内侧都贴上较小的圆片

里面也软
软的哦♥

完成啦!

用同样的方法,加点小创意,就能得到很多种可爱的盒子哦!

保鲜膜筒　　　　　　　　笔盒

胶带环+硬纸壳　　　　　笔盒2

统统好
可爱!

胶带筒+硬纸壳　　　　　糖盒

一起动手做吧♥(✌)

可爱的皮革小样

买包包附的皮革小样舍不得扔~

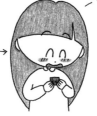

哇——手感好软哦!

无法改变的
贫穷习气 →

← 废品收集大王

这么小,就拿来做一个小挂件吧!

啪!

先按小样的尺寸在纸上画出设计图~

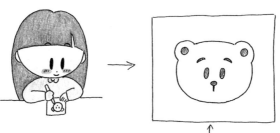

↑
阴影部分会做
镂空处理

比照设计图在皮革小样上剪出小熊的轮廓～

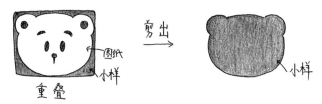

剪出

图纸
小样
小样
重叠

由于小样是黑色的,无法在上面做标记,因此小熊的
五官只能估计着位置一点一点修出～
另外,小样有一定的厚度和韧性,要用锋利的剪刀才行,
我用的是军刀上的小剪刀～

专心

嗒.
嗒.
嗒.

修剪完后穿上挂绳,完成啦!

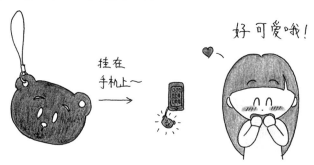

挂在
手机上～

好可爱哦!

漂亮的艺术装饰灯

吃点心经常会留下盒子，扔了真浪费！

废物利用，做个装饰灯吧～

准备材料：

 ×2

点心盒或盖子2个，
尺寸要一样，可以
用硬纸壳代替。

LED灯带，冷光源，
省电，买的时候请
店里做好插头。

剪刀，刻刀，白胶，透明胶

步骤①用透明胶将LED灯带在点心盒里盘旋粘贴。

为了有背景光的效果，我用
的是透明的盒盖，剪出一个
小口以便电线伸出来。

②在另一个盒子上用刻刀做出镂空。

也可以用硬纸壳圈
粘上漂亮的薄纸
做灯罩～

 ← 灯罩

③ 将两个盒子扣在一起,边缘涂上白胶,用卡纸条封好～

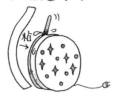

④ 挂在墙上或者靠墙放置～

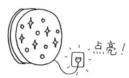

点亮!

还有其他
创意哦 ♥

可以发挥想象力做出漂亮的灯罩

薄纸灯罩可以画上
图画或者贴上剪影

将LED灯带放入塑料罐,
上下用薄白纸包裹
图解:

粘 ↑   ↑ 粘

钻孔

或者偷懒
直接将灯
带粘入塑料
垃圾桶～

好用的亚克力颜料

新买了一盒亚克力颜料！

好喜欢！

亚克力颜料能在各种材质的表面绘画，
而且快干，不易脱色，真的很好用哦！

居家旅行必备！

来看看我的作品吧～

← 自鸣得意的

最简单的，树叶画～

将树叶夹在书页中（垫纸哦）
变干后直接画上去。

石头画

石头洗净晾干后画上去～

蛋壳画

在蛋的两端打小孔，用嘴将蛋液
吹出，注水反复清洗蛋壳，完全
晾干就可以画了哦！

泥人上色

在泥人完全干透后上色～

手绘相框

在相框上画上自己喜欢的图案.

手绘白布鞋

画上漂亮的图案,白布鞋也能很可爱哦!

由于亚克力颜料的快干特性,挤出来的颜料干掉就不能再用了,所以不要挤多,一次性将相同颜色的部分全画完,虽然颜料有遮盖性,但还是应先画浅色,后画深色,以保证画面的整洁。

另外,用过的笔和颜料盘一定要及时洗,不要像我一样.

犯懒 →

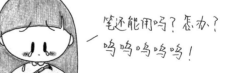

笔还能用吗? 怎办?
呜呜呜呜呜!

← 完全干掉了

女孩私房手工

百变发箍

在店里—

哇,好可爱哦!

如果要买的话,
不同的衣服要搭配不同的花色,
那要买多少个???

扑腾   扑腾

那都是钱、钱、钱呐。

拿出看家本领——

那就自己做吧!

材料准备:

1. 电线或细金属丝.

2. 漂亮的布,可以来自旧衣服.

3. 针线,剪刀.

4. 透明的细小橡皮圈.

5. 当然还要有一个发箍.

将布按发箍的长度剪成长条形,宽窄依自己的喜好来定.能包住发箍即可.

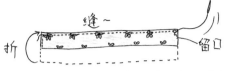

缝～

折　　　　　　　　　　　　　留口

将布条对折,缝起来,在一边留口哦.

翻过来,成为一个长形的套.

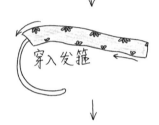

穿入发箍

用小橡皮圈将开口扎住.

然后,

铁丝两端要卷成小圈

做一个同样的套,穿入铁丝,缝起开口.

两头尖

也可以做成这样。

↓

打个结.

↓

成为了兔耳朵发箍.

↓

折

角角内折,成为蝴蝶结,
两用哦.

折

各式各样,要多少都有哦!

DIY梨花头

梨花头,就是梨花的鸭梨形状的头。

短发　　　　　中长发

变!→

要领:盖住眉毛的厚刘海,
　　　头发中下部蓬起,
　　　发梢向内卷曲。
　　　咖啡色或栗色的发色。

理发店可贵了,试下DIY吧!

先 将头发修剪到适合的长度；
喷雾到半湿润状态。

中部蓬起可以依靠头发本身的曲度，

发尾用大号卷发筒向内卷起。
(要喷定型喷雾哟!)

自然晾干头发， OR 吹风筒热风吹干

2个↗   ↖2个

虽然没有理发店做的好，
但也不错啊！

哇—

美美的… 晚安！

OK。

液体胭脂好气色

女生化妆后都会美美的 ♥

噢嚯嚯~

← 美吗…？
太会制冷…

不论怎样,胭脂是女生的必备品哦!

气色 UP!
可爱度 UP!
亲和力 UP!

固体腮红   液体腮红

其实,自己在家就能做液体胭脂哦!
而且对皮肤无刺激,可以不用卸妆哦 ♥

← 懒人。

需要准备的材料有:
红色的酒

OR

如覆盆子酒   玫瑰红酒   锅一个   小玻璃瓶

制作的步骤：

① 将 100 ml 红色的酒倒入锅内～
　　文火加热..

② 持续加热至酒液浓缩到 10ml, 关火稍晾凉,
　倒入小玻璃瓶！

　　　　　完成咯！
　　　　　放入冰箱保存 →

此胭脂可直接涂在面部皮肤, 不用上底妆哦～
涂上去粘粘的, 轻拍几下就吸收了, 是真正的
护肤品 + 化妆品！

　　　　　　　　啦 啦 啦 ～～～

小贴士：尽量一个月内用完哦～

在家也能提取花水

花水就是从鲜花中提取的纯露,是受 lady 们
欢迎的护肤佳品~

花草的纯露可以通过蒸馏法提取~

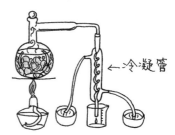

←冷凝管

其实,在没有专业设备的情况下,自己在家也可
以提取纯露哦!
需要准备的器具有:

嘻嘻

大陶壶一个
要能直接放在
明火上加热的~

硅胶管,要求
无异味,耐200℃高温~

盆子

杯子(玻璃或瓷杯哦!)

方法:

① 准备花草原料,如玫瑰花瓣,薄荷叶,薰衣草等~

注意哦,柠檬,橙子,西柚的精油和纯露不能
用蒸馏法提取,因为加热会破坏VC等有效成份~

    沙田柚?!

X   X   X   X

② 将花草洗净,放入大陶壶内,花草适当多放些效果更好哦!
  以 1:1 的比例加入清水~
  (与花草)

花瓣

③ 在盆子里注满凉水或冰水~

④将大陶壶坐在火上加热，同时将各个器具连接起来~

带有精油分子的蒸气
进入硅胶管

蒸气冷凝
为水珠

流入杯中

硅胶管浸入冰水，
起到冷凝管的作用~

⑤待大壶中水快干时，停止加热，此时玻璃杯中
已收集到不少纯露咯~

好棒哦！

这些纯露就可以装瓶使用啦！
如果希望得到精油，可以做进一步加工：
将提取出的纯露静置24小时，可以发现油水分离，
精油会漂浮在水面上，可以用滴管吸出~

也可加入少量盐溶液
促进油水分层哦！

由于花草原料有限,以及大壶容量的限制,
得到的精油量是微乎其微的,有时甚至
看不到精油浮出,因此建议直接将提取
出的纯露用掉～

干嘛要等。

可以装瓶做保湿水,放入冰箱冷藏保存,
尽量二周内用完哦!

也可以用来做面膜～

♫

还能用作喷雾随时补水哦!

水嗒 嗒!

可爱的蝴蝶结

可爱的女孩也需要漂亮服饰的衬托～

没有···

没关系,我们可以用最简单的方法做出永不退流行的扮靓法宝——蝴·蝶·结!对旧服饰加以修饰也可以焕然一新哦!

① 传统蝴蝶结

材料:布料3片   双面胶   细铁丝

7cm×14cm   7cm×10cm

2cm×6cm

步骤①在7cm×14cm的布中间粘上双面胶,上下对折粘好,
在布的中间竖着粘双面胶,左右对折粘好。

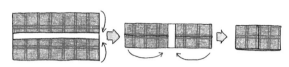

②用同样的方法将7cm×10cm的布粘好～

7cm×14cm

7cm×10cm

③用细铁丝将两块粘好的布扎成蝴蝶结,再将
小蝴蝶结放在大的上面,用细铁丝扎紧。

④在2cm×6cm的布中间粘上双面胶,对折粘好～
在一端涂上白胶,包在蝴蝶结的铁丝外固定好♡

 完成!

【2】丝巾蝴蝶结
步骤① 丝巾两角上下折起,然后对折(好难理解请看图…)

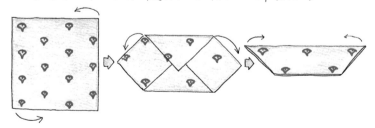

②左右折叠,将两角交叉打结,将丝巾翻到背面
再打结,再翻回来再次打结…

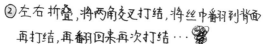

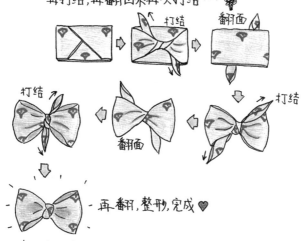

再番羽,整形,完成 ♥

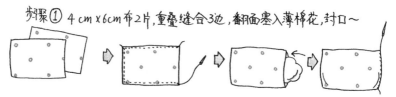

③泡泡蝴蝶结～

步骤① 4cm×6cm布2片,重叠缝合3边,番羽面塞入薄棉花,封口～

② 2cm×5cm布一片,对折缝合,两端留小口,翻面塞入薄棉花,封口～

③将②的小条包在①的中间,针线固定 ♥

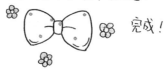

完成!

将做好的蝴蝶结缝或粘在别针、发夹、发圈上，以
用来装饰各种物品，如鞋子、耳钉、衣裙、袜子、帽子、甚至
手机壳、包包等一切你希望装饰的物品～

变身！ 蝴蝶结控么？…

手链是姑娘们的好朋友

其实自己在家就能用最简单的材料
和方法做出超漂亮的手链哦！

编织类手链

①　七股编手链

步骤① 用硬纸剪出圆形,中间钻一个小洞,周围剪出8个小口

② 将7根线绳合成一股,在一端打结,穿入圆纸片中间的小洞,用透明胶固定~

③将7根线绳分别卡入了个小口

④空白小口朝上,将右下角的线卡入上面的空白小口,
然后转向继续让空白小口朝上,如此往复…

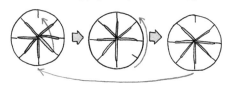

⑤直到编出的手链够长,在另一端打两个结,将一端的结
穿入另一端的两节之间,完成 ♥

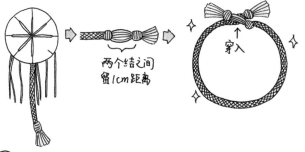

两个结之间
留1cm距离

穿入

②三股珠珠手链

①两根线对折成为4根,在一端打结,剪去一根线,留下3根~

② 股编两厘米后,开始往两侧的线串入珠珠,每编一下串入一颗,如此往复…然后再3股编两厘米～打结。

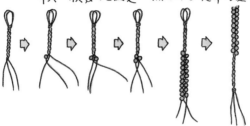

③ 在末端串入小扣子,再打结,剪掉多余的线,完成啦!

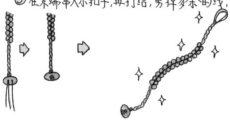

别外还可以采用相同编法,在中间的线串入珠珠,效果完全不同哦!

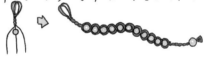

用螺丝帽代替珠珠也非常好看!

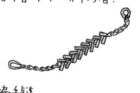

③ 4股编手链

4根线,外侧的两根交替从内侧的两根中间穿过

是很朴素的编法哦!

串珠手链

⬢ S型串珠手链

①用鱼线穿过锁,穿入挡珠,用钳子压平,两根线同时穿入
一颗小珠,左边依次串入一颗大珠二颗小珠,右边依次
串入二颗小珠一颗大珠,两线共同穿入一颗小珠,一直
下去～

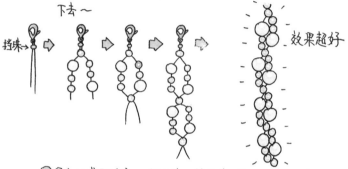

挡珠→

效果超好

②最后双线同时穿入一颗小珠一颗挡珠,穿入小坏,再回穿入
挡珠和小珠,拉紧,用钳子压平挡珠,剪掉多余的鱼线～完成!

⑫ 花儿朵朵串珠手链

开头和结尾与S型手链一样,中间部分是这样的:

串入几颗白珠后,穿入一颗红珠,再穿入4颗红珠,
返回穿入第一颗红珠,再继续穿入白珠,一直重复下去。

灵活变换珠子的颜色和大小效果更好哦!

最后是最简单唯美的蕾丝手链！

①将蕾丝边的两端圈折几次,缝好,再缝上小锁和小环.

②在蕾丝上缝上珠珠或装饰花等小物～

喔
呵
呵

全部都好美！一天戴一个 ♥

让眼睛瞬间变大的眼镜

眼睛小，很困扰。

但是，想拥有水汪汪的大眼睛非常简单！
需要准备的材料：

硬纸壳　　卡纸　　上色工具　　剪刀　　胶水

制作方法：

① 按照脸型的大小做一个眼镜框(用硬纸壳)

画上喜欢的　　非常漂亮！
花纹或颜色

② 按眼镜框的尺寸，用卡纸剪出镜片的尺寸

量量自己的瞳距，
在镜片上剪两个洞

③将镜片涂成肤色,画上漂亮的大眼睛

④将镜片粘在镜框上,完成 ♥

马上用用看!

使用前

噢呵呵呵

使用后!

居家小品巧手做

废纸做的拼贴画

颜色漂亮的废纸不要扔,可以做成拼贴画哦!

材料的来源可以是:

旧日历　　　旧包装纸　　　旧杂志　　　旧纸袋

选取同一色系的纸,颜色稍有不同或者有花纹更别具一格~

以粉红色,绿色,蓝色为例:

　　　　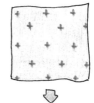

剪成小心形,小花　　　小叶子　　　云朵

方法：

① 将废纸剪成边长 2—3cm 的正方形，每个正方形尺寸可以不一致，大小随意 ～

② 将正方形对折，轻易就能剪出想要的形状 ～

③ 为了保持立体形状，不要抚平折痕，在折痕背部涂上白胶 ～

←棉签

仅涂在折痕处，旁边不用涂 ～

④ 贴在准备好的纸上

拼成喜欢的形状　　　按规律拼贴　　　无规律拼贴

⑤ 放入镜框，可爱的装饰画完成啦！

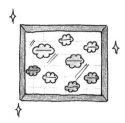 

松子壳做的相框

松子吃完后会留下许多松子壳，其实稍加利用，就能变废为宝哦！

粘个艺术相框吧

松子壳

需要准备的材料有：

松子壳

白胶

金色或银色亚克力颜料

普通相框一个

方法很简单，就是将松子壳刷上白胶，粘在相框上拼贴出漂亮的图案～

刷刷～
←镊子

粘完后，晾干，然后刷上亚克力颜料，就完成咯！

以此类推，用米粒，豆类，开心果壳等等都可以哦~

可以粘在笔筒上，盒子上，花盆上，挂钟上，或者直接做成拼贴画！

小贴士：

1. 在基底需要粘贴的部位先刷上一层白胶，会粘得更牢固哦~
2. 一定要白胶完全晾干后才能上色，否则容易脱落~

干花也绚烂

自己做干花真的超简单人人都会,但如何才能
最大限度的保持花朵的颜色和形状呢?

红玫瑰 ⇒ 黑玫瑰

鲜花风干后会变黄发黑,因此应尽量选择花瓣
含水份少,暖色调的浅色花朵~

粉色

黄色

粉色

选未完全开放
的花朵能防止
花瓣脱落~

为了使花朵保持立体的形状,风干前应将花束拆开,
单朵花悬挂晾干,不要靠墙哦!

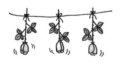

OR

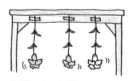

可以在室内牵绳子,

也可以用胶带粘在桌子边缘哦!

用这个方法做出的干花颜色和形状都不错哦 ♡

收花 就收粉玫瑰！

浪漫的芳香蜡烛

普通的白色蜡烛也可以变身为漂亮的工艺蜡烛哦！
自己做试试看吧！

要准备的器具有：

小锅   不锈钢杯   玻璃碗   方便筷子

融稳固体↓

铁丝架，
可以现做哦！

要准备的材料有：

白蜡烛   蜡笔头   芳香精油   装饰小物
          可以选自己喜欢   薰衣草味！   小贝壳♡
          的颜色哦！我
          选蓝色。

看我的。——

啪！

在小锅中加入适量的水(约1/3),煮沸,
将白蜡烛和蜡笔头弄碎,放入 不锈钢杯。蜡芯备用。

同时将小贝壳摆在玻璃碗底部的四周~

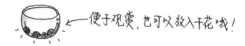

← 便于观赏,也可以放入干花哦!

水烧开后,放入铁丝架,将不锈钢杯架于铁丝架上,
此时水应没过大半个杯身,以便均匀受热。

使用烧烤夹,
稳固杯子,
防止烫伤!

当心喷溅和翻倒

儿童请在成人指导下操作!

白蜡烛和蜡笔头充分融化后，搅拌均匀，取下杯子，利用方便筷子将烛芯固定在玻璃碗上。

将蜡液缓慢倒入玻璃碗。

缓缓~

一定要戴隔热手套哦！

稍微冷却后，加入精油~

3滴~

静置到蜡液完全凝固，取下方便筷子
芳香蜡烛完成啦！

修剪蜡芯到适宜的长度～
（1cm）

我爱洗澡皮肤好好 〰
袄袄袄···

每个女生都会有不少漂亮的丝巾～

但一年里有好几个月丝巾处于闲置状态

暗无天日的衣柜

静静——

要好好加以利用！

嗯！

做丝巾画吧！

选大小适中的画框，将丝巾放入其中，扯平，固定～

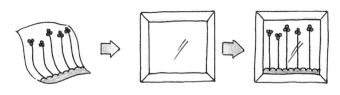

可以跟据季节变换放入不同花色的丝巾，搭配不同形状的相框，会有意想不到的效果哦！

太方便！

方便抽取的纸巾盒

废硬纸壳不要扔,自己做个方便抽取又有趣的纸巾盒吧!

方法非常简单:

① 按卷纸的尺寸在硬纸壳上裁出纸盒的形状~

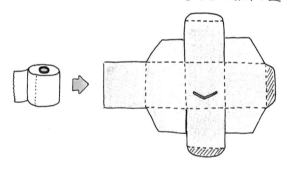

② 按纸巾的宽度在右边第二个方形中用镂空的方法剪出"╰╱"形~

③ 将上图虚线处弯折,阴影处涂白胶,做成纸盒~

④ 画上自己喜欢的图案！

例如：

⑤ 从上方开盖处放入纸巾～

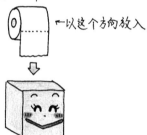

←以这个方向放入

⑥ 纸巾从嘴巴里伸出来，就可以用咯！

"⌣"形的好处是：

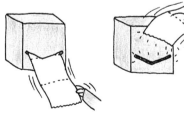

好方便！

向下拉顺利拉出，向上拉能顺利撕断！

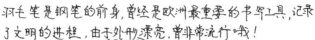

怀旧羽毛笔和复古纸

羽毛笔是钢笔的前身,曾经是欧洲最重要的书写工具,记录了文明的进程,由于外形漂亮,曾非常流行哦!

风度潇洒!

很酷吧?

自己动手做一支羽毛笔,是很有趣的事情哦!
许多大鸟的羽毛都很适合做笔,可以选用最方便得到的鹅毛或水鸭羽毛,取翅膀上最长的几根。

制作方法超简单:
①削出笔尖

在羽毛根部斜削一刀,成为楔形,在尖部中间向上剖一刀(墨水槽),

不要剖透哦!
或在尖端稍稍
剖透一点~

参照钢笔尖形状修出笔尖造型,笔尖粗细决定字迹的粗细,
用针在墨水槽顶部穿一个小孔~

笔尖成形啦!

② 脱脂处理：

　将修好的羽毛放入有洗剂的水里煮 15分钟，
　取出清水洗净晾干～

③ 将干净的羽毛插入180℃左右的热砂 15～20分钟，
　取出后冷却，羽毛根部由半透明变得不透明，这样做是
　为了增加笔尖笔杆的硬度，不易磨损。放进烤箱烘烤
　也可以喔～

将砂子放入铁锅里，
放在火上加热。～

吸管顶端用透明
胶粘住封口～

真的能写字哦 ♥

用硬质的细吸管也可以做笔哦。

有了羽毛笔，再做个复古本子吧！

先做复古纸，将普通白纸浸入红茶水或咖啡中，取出晾干，
熨平，就OK啦～

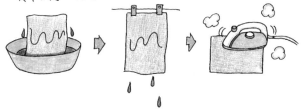

（每5张一叠）

用同样的方法，做许多复古纸！将5张纸叠在一起，从中间折叠～做10叠，叠在一起～

在每叠纸的折痕上都用针扎4个小洞。

用针线穿过4个小洞～

打结

用同样的方法，将10叠纸用针线串在一起，在两端用针线加固～

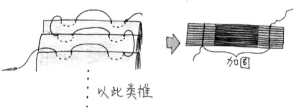

加固

以此类推

在本子的书脊上涂满白胶，粘上缎带（书签），然后再粘上结实的帆布

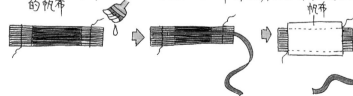

帆布

下面开始做本子的封面：
按本子的尺寸裁出三块硬纸壳

将硬纸壳粘在厚布上，包上边～

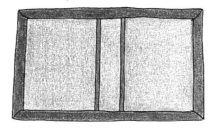

在本芯的帆布上涂白胶，粘在封面上

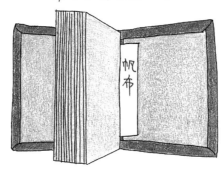

帆布

将本子的封面封底都贴上衬纸，压上重物静置晾干，完成啦♥

很好用哦！

和羽毛笔搭配使用，好有范儿！

我的贴心布艺

旧衣服做的猫布偶

不能穿的旧衣服扔了太浪费！

嗯嗯！

好好利用一下，还是能做成有用的东西的——

袖子 → 袖套

中间部分 → 可拆洗枕套

旧裙子 → 围裙

我小时候有一件上衣，白色的，内层绒绒的～

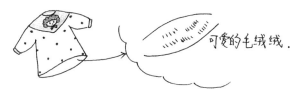

可爱的毛绒绒。

做成一只猫布偶吧！

先将衣服裁成需要的形状，要留出缝合的边哦！

 X 2片　　 X 2片

小猫的身体　　　　　　尾巴

用深茶色绣线为小猫绣出眼睛和鼻子～还有小胡子！

太可爱！

绒面朝外绣哦！

绒面朝里,将小猫的2片身体和2片尾巴分别缝合～

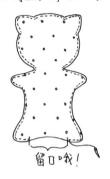

留口哦!

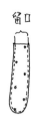

留口

翻过来,将尾巴缝在小猫的PP上～

从留口将棉絮塞入小猫的头,整形一下～

塞入

身体不用塞棉絮哦!

然后为小猫系上绸带,在尾巴尖缝上小铃铛,为小猫轻轻
打上腮红～

完成啦!

哇——

可以伸手进去哦!

朋友看见了说——

—♡ 好喜欢哦!
给我给我啦!
拜托!

小咪再见,要乖哦!

小咪…

喵!

实用又可爱的零钱包

我的零钱包太破了…

边缘磨损严重，
脏脏的，脱色

每次掏出来的时候，都觉得很害羞…

买个新钱包吧！

♫ 买个可爱的小钱包！

结果价钱是这样——

68元！　　　　　98元！　　　　　198元！

用不着这个价吧…

还是自己做!

我打算做一个猫咪零钱包!

其实很简单——

用硬朗的厚布(如毡绒)剪出钱包的轮廓.

2片一样的

在其中一片上绣上小猫的五官,在另一片的上部1/3处
剪一个细长口,缝上拉链.

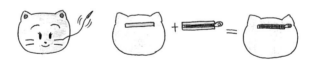

然后将2片缝合即可!

完成!!

哇——

第二天——

午休时间买饭去！♥

没想到在收银的时候遭遇了更囧的一幕——

最爱人偶娃娃

我对娃娃有着特别的兴趣～

从小到大拥有很多娃娃…

如果希望拥有市场上买不到的
娃娃,可以自己做哦!

下面介绍两种自己做娃娃的方法～

1. 简易布娃娃

材料：

白色或肤色的布 　　同色的线,针 　　衣服的布料

头发的材料,可以用毛线或者纸袋上的尼龙绳,有光泽,可以
很好的模拟头发哦!

尼龙绳　　　　光泽

拆成丝后
很细.

当然还有棉花!

先将棉花做成圆球,可以将棉花撕成薄薄的几层,
层层铺起来,裹成球。

层层铺上,
使表面平滑　→棉絮

裹起 　→　成为球

←缝起来

用肤色的布将棉球裹起,用针线收口~

将布剪
成合适　→
大小的圆形

→ 　在布的
周边穿
线

→ 　放入
棉球

→ 　头部完成!

抽线收口.

用肤色的布剪成两片一样的身体的形状,缝合～

要剪宽些,留出缝合的边。

留口哦!
缝合

用筷子帮助将缝好的身体布片翻翻过来,塞入棉花

翻翻成功! 塞入 完成!

将头部与身体缝合,为了避免面部绉纹,需将头部收口放在后脑勺。

背面

将毛线或尼龙线剪成合适的长度,在中间用针线来回缝合。

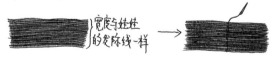

宽度与娃娃的发际线一样

刘海的部份是这样:

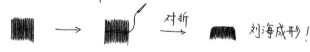

对折 刘海成形!

将头发缝在娃娃头上

缝在后脑勺上，刚好挡住收口。

刘海缝在正面

将头发修剪、梳理成想要的发型，用针线在耳边加圈定形。

用茶色的线绣出眼睛和鼻子，粉色的线绣出嘴巴，还可以轻轻刷上腮红哦！

好可爱哦！

开始做衣服喽！

设计好衣服后，按娃娃的尺寸将布料裁出来～

衣服3片，要留出缝合的边哦！要裁大些。

裙子，为了做出蓬蓬裙，特别采用了大裙摆。

图省事的一片式围裙～

将3片上衣的布料缝合, 袖口锁边. 在衣襟处缝上粘扣.

粘扣

 翻羽过来

裙子锁边后, 与上衣缝在一起. 围裙只要锁边就行了哦!

 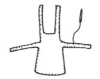

给娃娃穿上衣服 ♡ 绑上小围裙, 完成啦!

 太可爱了!

用这种方法还可以做出大小形态各异的娃娃哦!

   还可以用扣子做眼睛哦!

可以玩角色扮演啦!

2. 人偶娃娃

有时会想要一个貌美如花的绝代佳人娃娃!
还可以摆各种动作,换装,换发型...
东西方的造形都要适合...

貌似没这种娃娃卖吧...

嗯嗯!

参考陶瓷娃娃的做法,经过周密的计划,
自己动手做一个绝代佳人娃娃吧!

←动力十足!

需要的材料:

陶泥,保湿哦!
(陶艺店买的)

棉花

铁丝
(细的和稍粗的)

身体的布料

服装布料

钓鱼线

头发的材料
(丝线或纸袋上尼龙绳拆出的丝)

珠珠

亚克力颜料

按娃娃的身高取稍粗的铁丝弯成"大"字形。

- 脖子
- 手臂
- 腰部
- 腿部

采用双线会比较
稳固,要符合身材
比例哦!

用身体的布料,按身材比例剪成二片,缝合。

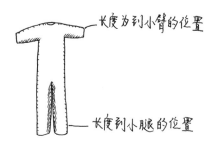

- 长度为到小臂的位置
- 长度到小腿的位置

将弯好的铁丝串入其中,将棉花撕成棉絮,用筷子协助塞入~

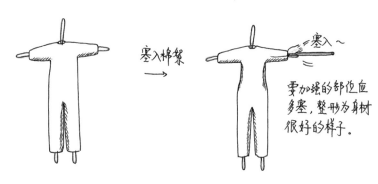

塞入棉絮
→

塞入~

要加强的部位血
多塞,整形为身材
很好的样子。

取适量陶泥,压成片状,掺入棉絮,反复揉搓至棉絮在陶泥中分布均匀.

加入棉絮　　　揉!　　　均匀,备用

— 加棉絮是为了更稳固柔韧,防干裂!
就像水泥里的钢筋!

用加了棉絮的陶泥精心雕塑成头部、手和脚～

是眉骨,
不是眼
睛!

— 一定要优美,立体感强!
用雕塑刀帮忙!

很考技术哦!
娃娃的美就靠
这个了!

真累呀!

将头和手脚小心地穿在娃娃的身体上.

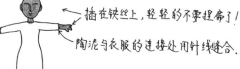

— 插在铁丝上,轻轻的不要捏扁了!

— 陶泥与衣服的连接处用针线缝合.

铺平头发的材料，将弯好的铁丝放在中间，对折头发～

要厚哦!

留出固定头的凸起
将铁丝弯成与
娃娃头部贴合
的形状.

对折头发，使铁丝
被包裹在头发中.

像戴发箍一样，将头发戴在娃娃头上，凸起插入娃娃头两侧固定.

接发际线固定，
在头顶涂白胶，
粘住内层头发，
可使头发既固又
飘逸.

娃娃成形了，放置通风处阴干!

根据空气湿度不同，
需要的天数不同，
一般是5天左右.
要干透哦!

不能烘烤、暴晒!

可以趁机做娃娃衣服了!

我打算做一件仪态万方的唐代礼服!

突然 想起来娃娃的脖子——

泥和布的连
接处！

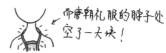

而缝制礼服的脖子处
空了一大块！

失算！！

如果脖子做成这样,不就好了嘛...

正面 ←泥延伸到胸部

这里也
缝合 侧面 ←在后面缝合加固。

还说什么计划周密！我果真有没想到的...

其他类形的衣服,都复杂到不会做！

对了, 做"赫本风"的衣服吧! 那也是我最喜欢的风格!

衬衣
细腰
宽摆长裙!

按娃娃的尺寸将布料裁好:

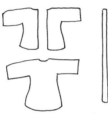

上衣3片　　　高领+领巾1条　　大摆裙　　　腰带1条　鞋子4片

缝合后成为这样:

鞋子

衣襟内缀上小按扣,
外面和袖口缀上小
珠珠.

裙子

娃娃也干透了哦! 这时要准备细砂纸!

砂纸

用砂纸 轻轻打磨娃娃的陶泥部分!

打磨至非常光滑为止!

将亚克力颜料调为肤色～

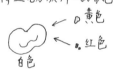

将肤色颜料均匀涂抹在娃娃的陶泥部分～

一定要均匀,不要涂到头发哦!

接下来将娃娃静置等颜料干透。

点睛之笔的时候到了!! 为娃娃画上眉眼和口红!

这个工作太重要了!
成败在此一举!

原本想用毛笔，由于紧张到手抖个不停，最后改用毡头油性笔!

 →

画完了!

同时剪了刘海，用彩色铅笔上了腮红!

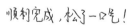

顺利完成，松了一口气!

接着就可以给娃娃穿衣服啦!!

穿上衣服后就大功告成了!!!

好美呀!

这个娃娃做工太复杂了,其过程中的艰辛和完成后的喜悦可想而知!
后来我还给她做了手袋和帽子!

绝对算是我的巅峰之作!!

←没什么出色的手工作品的人少见多怪中...

新时代淑女专用手笼

手笼是灯笼形的暖手用具,在古代曾是淑女的配饰~

作为新时代女性,手笼一定要具备更多的功能,马上来自己做一个吧!

想要
想要!

需要准备的材料:

轻巧温暖的
布料,如毛绒、
条绒、人造皮草

棉布

拉链　　针线

棉花

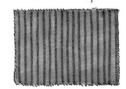  

步骤①将毛绒和棉布裁成A3纸的大小,各2片.

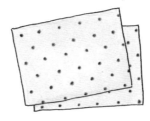

②将毛绒和棉布反面向外缝在一起,留出开口.

③将正面翻出来,塞入棉花,缝上开口~
塞棉花前,可以在毛绒面缝上口袋,装上拉链.

一层一层均匀塞入棉花~不要太厚哦,适量就好.

④以同样的方法做好另外一片,在两片的顶端都剪出
"⟨⟩"形洞,锁边.

 &

另一片的口袋
不用装拉链

⑤将棉布面朝外将两片缝在一起，顶端留出开口.

⑥将毛绒面翻出来，一个手提袋出现咯～

⑦在手提袋的两边装上一副拉链.

希望美观的话，可以在
⑤的时候就缝入拉链哦！

⑧将有拉链的口袋朝外，对折手提袋，拉上拉链！

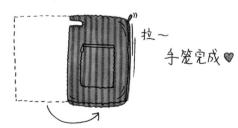

拉～

手箧完成 ♥

太喜欢！

内侧的口袋可以放
暖宝宝或怀炉！

既是手笼，又是小手包，又是手提袋，因为暖暖软软的，
打开还能当坐垫哦♡

新时代淑女！

暖烘烘！

幸福 幸福 ♥

旧毛巾变身小地毯

废旧毛巾，一般会做成抹布、拖把头。

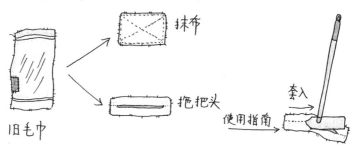

抹布

拖把头

套入

使用指南

旧毛巾

有没有想过，可以做成小地毯哦！

当然要在旧毛巾足够
多的前提下～

方法很简单：

① 将旧毛巾剪成宽3cm的长条，剪很多条备用。

② 将三个布条以针线连接成这个形状：

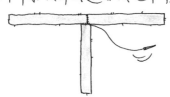

③然后用编麻花辫的方法,将三股布条编在一起～

④用针线将新的布条续接在"麻花辫"的末梢,

⑤继续编,重复步骤③和④,直到"麻花辫"的长度
　是以盘成小地毯。辫子末梢收尾缝合.

⑥以辫子头为圆心,将辫子绕圈盘成饼状,边盘
　边用针线固定～

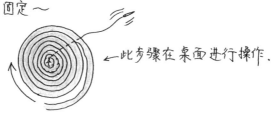

←此步骤在桌面进行操作.

⑦盘完后,用针线从各方向对小地毯进行加固～

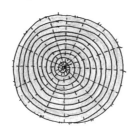

最后用熨斗熨平整,小地毯就完成啦!

放在浴室门口,洗完澡后站上去擦干脚,
真是太好用了!

五彩缤纷草木染

说起草木染，早在商周时期就开始流行了，是一种相当古老的染色技艺。

掌以春秋敛染草之物
以权量之以待时而颁之

用不同的植物染出缤纷的色彩，有趣又神奇！

按色系划分,常用又方便取得的染料有以下几种:

① 黄色系

石榴皮 染出土黄色或亮黄色

姜黄粉 染出饱和的黄色

洋葱皮  染出土黄色,棕色

茶叶 当然是茶色

咖啡渣 咖啡色

花生壳  褐色

栗子壳 栗色

槐花(未开的最好) 明亮的嫩黄色

② 红色系

苏木 粉红,桔红,紫红

红花 黄色,桔黄

茜草 粉桔红色

红苋菜 粉红,紫红

山茶花 粉红 ⚫

石榴花 桔红，红 ⚫

红石榴裙 ♥！

③ 紫蓝色系

紫葡萄皮 紫色 ⚫

桑葚 灰紫色 ⚫

紫草 紫色 ⚫

紫苏 紫色 ⚫

紫包菜 紫蓝色 ⚫

青黛 蓝绿色 ⚫

自己在家染布，方法真的超简单！

材料：

    茜草   明矾   豆浆   白醋   小苏打

白棉布
丝绸羊毛也行

方法：

① 将棉布放入有小苏打的热水中浸泡20分钟，
　去除油脂和杂质，取出清水漂洗晾干。

② 提前一天浸泡茜草，放入锅中煮30分钟，同时加入
　白醋提高出色率～

③ 将棉布浸泡在豆浆中上浆，有蛋白质更利于上色，
　丝绸和羊毛可以不用上浆。将上浆后的棉布泡入
　明矾水中，可使棉布不易褪色。

泡豆浆　　拧干　　泡明矾水

④ 将棉布拧干放入茜草水中大火煮30分钟，期间要搅动
　使染色均匀，关火后泡30分钟～

⑤ 取出棉布洗净，晾干，完成啦

另外,古典染布法也非常简便,在当今的伊豆仍然很流行哦!

方法:

① 以茶花染为例,将花瓣泡在40℃左右的温水中,加入白醋~

② 泡15分钟后,搓揉花瓣溶出色素。

③ 将泡过明矾的棉布放入茶花染液中,泡1小时~

④ 洗净晾干,完成 ♥

如果实在很懒,还有终极懒人染布法!

用纱布包了染材,和布同煮,同时加明矾固色~

煮、30分钟后,关火泡30分钟

洗净晾干就OK!

挠

自己用草木染色，能方便的做出围巾,手绢,窗帘,枕套,
还能给旧的白衬衣改色！

用染出的布做成玩偶或者娃娃衣服也不错哦！

小贴士 💡

　◊草木染要晾干,不能晒,否则会褪色哦～

　◊染材用量,加热时间都会影响成品颜色,重复煮染
　　晾干,能加深成品颜色.

　◊用扎染的方法能做出漂亮的图案,绳子扎紧的部位
　　会呈现留白效果！

　✳用植物遮挡喷印布面,或用叶子拓印布面,能取得自然
　　的印花效果～

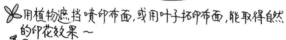

　✳草木染洗涤时需与白色衣物分开,冷水洗涤。

　✳草木染各色之间可以多色染色,先染浅色,再染深色,或者相邻两色
　　间留白,洗清水做出渲染的效果！

妙趣生活最有爱

爱生活，爱蛋壳

蛋好吃营养又丰富~

蛋炒饭　蛋包饭　蒸水蛋　溏心蛋
卤蛋　茶叶蛋
铁蛋　厚蛋烧
蛋挞　蛋糕　蛋黄饼

全是好吃的！

人体每天所需的胆固醇有70%由人体自行产生，
另外30%刚好靠一颗蛋就能补充哦！

70%　←　30%

吃蛋剩下的蛋壳，难道就只有成为垃圾的命运吗？

太可怜！

蛋壳虽然不起眼，但是真的好有用！

蛋壳的成份是碳酸钙十少量蛋白质，利用这个特性，
我们可以用蛋壳做很多事！

例如将蛋壳洗净打成粉，是很好的去污粉，刷洗布鞋超干净！

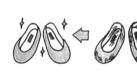

刷洗布鞋时蘸些蛋
壳粉，省时省力！

用碎蛋壳涮洗水壶、碗盘，清洁效果很好哦！

晃！
晃！
晃！

在清洁液里加碎蛋壳，清洁力UP！

煮抹布时加入碎蛋壳，不仅利于清洁抹布，还能
提升抹布清洁力！

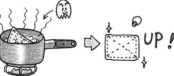

UP！

蛋壳内的薄皮是天然的眼膜呢！

蛋雕姑且不说，碎蛋壳还能做成可爱的拼贴画！

此外，蛋壳在园艺中也能起到很棒的作用哦！
用锥子或针在蛋壳底部扎洞，就成为了简单的育苗穴~

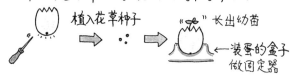

植入花草种子 ➡ "✿" 长出幼苗

←装蛋的盒子
做固定器

当幼苗大到快将蛋壳撑破时，将蛋壳整个埋入土里~

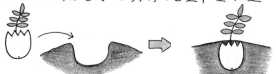

此时蛋壳成为了植物的有机肥，帮助植物生长，防止根部腐烂！
将碎蛋壳或蛋壳粉直接埋入土壤也可以哦！

小贴士：
为了消灭蛋壳上可能存在的沙门氏菌，
在对蛋壳进行利用前要煮沸灭菌哦！

了不起！

用白菜印贺卡

新年快到啦 ♥

耶！

每年这个时候都要准备送给亲友的贺卡！

~♫

自己做的贺卡最有心意～

但是如果数量很多的话···

无力······

那就用白菜吧！能飞快地印出漂亮的贺卡！

啪！

需要准备的材料有：

卡纸

刀

红印泥

白菜一棵

方法：将白菜从根部 1/4 处切开～

重要步骤来了哦！

在印泥上沾
颜色～

白菜帮子的横截面

我的创意手工绘

✿ 将沾了颜色的白菜帮子印在卡纸上~

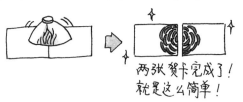

两张贺卡完成了！
就是这么简单！

要多少张都有哦！

嘿嘿嘿···

另外，卷心菜和小白菜也可以哦！

节日快乐！

感冒了怎办

一年没感冒，春夏之交还是中招了！

啊啾！

经过多年的感冒，我发现我的感冒一定会
经历三个阶段 ——

咳！
咳！

ౠ౩

喉咙很痛！　　　　咳得厉害！　　　　鼻塞严重！

喉咙痛的时候一定要及时喝一大杯淡盐水～

咕嘟
咕嘟！

淡盐水
对消除
喉咙炎症
很有用哦！

一定要喝止咳糖浆!

咳的原因是有痰,喉咙
很痒,糖浆凉凉滑滑的,
可以帮助去痰～

至于鼻塞,真的很困扰～

尾气闻不见!

食物的香味,闻不见!

下水道,闻不见!

煤气,闻不见!

食物是否变质?闻不见!

垃圾,闻不见!

装修的气味,闻不见!

嗅觉真是太
重要了!!

如何缓解鼻塞呢?

我通常是在热水中滴入3滴尤加利精油

然后蒸脸～

尤加利精油的消
功效能缓解鼻塞～
蒸汽对鼻塞也有
帮助哦！

真希望感冒快点好啊！

家用灌溉系统

我有过这样的经历，出门旅行几天，回来后发现——

不能任由这种情况发生！

嗯嗯，
相当严重的问题。

那么就做个滴灌系统吧！

不怕大家笑话，其实这个滴灌系统非常简单！

嘿嘿...

需要准备的材料有：

矿泉水瓶

易吸水的布条

铁丝

首先在矿泉水瓶盖上开个洞.

圆洞

将布条卷成圆条，一端塞入圆洞～

将矿泉水瓶灌满水,盖上盖子。

用粗铁丝弯一个小架子

将小架子固定在阳台栏杆上,水瓶放入其中~

布条要贴着
盆栽的土,
以便将水引
下来.

在室内也可以哦!

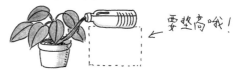

← 要垫高哦!

开花了,好可爱哦!

旅行回来

家用滴灌系统,成功!

耶!

天然多用清洁液

现代的清洁液种类多多, 为生活带来了便利~

       ······

洗衣液　洗涤剂　沐浴露　洗发精　洗手液　香皂　洗洁精

But这些化学洗剂对河川会有负担哦! 还担心有残留~

担心~

其实, 自己在家里就能制作纯天然的清洁液哦,
有效又安全 ♥

无患子

介绍两种天然清洁液的原料:

茶籽粉

无患子又名肥皂果,含丰富的天然净菌素,呈弱酸性,能抑菌、润肤、消炎哦!

茶籽粉是榨茶油剩下的茶籽碾磨成的粉,含天然茶皂素,能去油、消炎、抑菌,功效和无患子类似哦!

来看看怎么做吧!做无患子清洁液或者茶籽清洁液,方法是一模一样哦!

① 在锅里加1升水,将10粒无患子果皮或10克茶籽粉装入小布袋,系紧袋口,放入锅中煮～

② 煮沸后,再煮15分钟,关火自然晾凉,待到水温降到手可以伸入时,用手挤压小布袋,将皂素等有效成份充分挤出～

使劲!好多泡!

← 液体颜色变深咯!

为了充分利用,可以将小布袋再放入清水中,以同样的方法多煮两次,然后将三次熬煮的液体混合,装入瓶中,就完成啦♥

普普通通这么一瓶液体,称之为全能清洁液一点也不过分哦!

看看它都能做什么:
洗碗筷

厨房清洁

一抹净!

洗蔬菜水果

洗发、泡澡、洗手
洗脸、洗脚

清洗金银饰品

剩下的水还能浇花哦

别外,还能洗深色衣物 (洗浅色衣物会发黄~)

对伤口消毒、痘痘治疗也很有效~

用棉签直接搽上去.

而且,对河川完全没负担.

水清,沙白······

为地球所做的事情

由于共生关系的原因，我对地球的健康非常担心！

咳
咳
咳

咦?!

担心

担心

真希望多少能帮她一点点，为她做一些事。

嗯。

从身边小事做起，不是热得不行了，坚决不开冷气！

忍

静静—

随手关灯～

啪

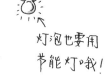

灯泡也要用
节能灯哦！

不看电视的时候，一定要关掉电源～

待机也会耗电哦，
所以要关电～

啪嚓

充电器也要记得拔哦

拔～

用更换笔芯来代替更换笔～

一支笔用到烂

尽量正反打印，废纸就拿来当草稿纸～

嗡——
咯嗒——

减少不必要的洗涤～

用硬纸制作一个这个——　　外出住店的时候挂在门上。

今天无需清洗

外出购物,自带购物袋,不使用店家提供的袋子～

多谢惠顾!

请问需要袋子吗?

谢谢,我
自带啦.

在外用餐,自带筷子,不使用一次性筷子～

哇——
好饿哦!

尽量用竹制品代替木制品

竹子的生长期比较短嘛!

✓   ✗

少吃肉，多吃素～

以牛肉为例，饲养牛需要用到大量的牧草、粮食，牛会排出二氧化碳，而加工、运输牛肉也会耗费大量的资源，排出二氧化碳。

二氧化碳

嗡！嗡——！

电锯切肉

轰——

而素食则要低碳很多，而且对健康很好哦！

哇——

少买新衣服～

服装在生产和运输过程中也会耗费大量资源，
排出有害物质哦！

不会老气吗? 切

妈妈二十年
前穿的裙子

怎么会! 很新的耶.

洗衣服时少放洗衣粉, 延长泡衣服的时间～

一样干净哦!

145

阳台养花种菜

出门带水壶，用白开水代替瓶装水和桶装水

　瓶装水和桶装水的生产、运送、废弃物处理
　都会给地球带来负担哦！

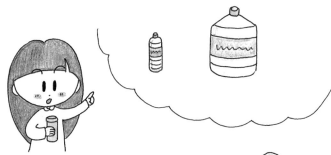

可以在家安装净水机来改善水质

尽量少用皮草、皮革等动物制品～

布包 → ← 布衣服

← 怎么还是皮鞋?!图...

爱护树木花草～

住手!!

啪!

胳膊断掉一定会痛!

尽量使用公共交通出行···

垃圾分类～

等等

废纸

能用的就不扔
······

嗯嗯.

真希望 能这样 ——

健身单车发电机～

太阳能照明～

白天　　　　　　　　　　晚上

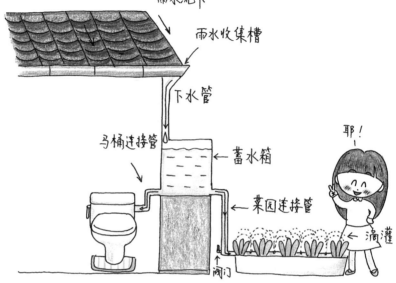

收集雨水用于冲洗厕所和蔬菜滴灌

雨水流下

雨水收集槽

下水管

马桶连接管

蓄水箱

耶!

菜园连接管

滴灌

阀门

做这些当然不能拯救地球, 但却是向着正确的方向跨出了一步。

她真漂亮, 不是吗?

 **后 记**

每件手工作品都是独一无二的，

有着机器生产的产品所没有的温暖和灵性。

做出来会是什么样子呢？

怀着这样期待的心情，

用手边不同的材料进行尝试，

激发出不同的灵感和创意，

组成一个个与众不同的作品，

体会一丝丝温暖亲切的感觉，

幸福时光也可以私人定制哦！

最后，我想感谢

对我有过诸多帮助的各位，

特别是赏光阅读的你，

真心感谢你们！

晓晓
2012年秋

AUGUST.2013.1

SUN	MON	TUE	WED	THU	FRI	SAT
		1	2	3	4	5
6	7	8	9	10	11	12
13	14	15	16	17	18	19
20	21	22	23	24	25	26
27	28	29	30	31		

AUGUST.2013.2

SUN	MON	TUE	WED	THU	FRI	SAT
					1	2
3	4	5	6	7	8	9
10	11	12	13	14	15	16
17	18	19	20	21	22	23
24	25	26	27	28		

AUGUST.2013.3

SUN	MON	TUE	WED	THU	FRI	SAT
24	25	26	27	28	1	2
3	4	5	6	7	8	9
10	11	12	13	14	15	16
17	18	19	20	21	22	23
24	25	26	27	28	29	30
31	1	2	3	4	5	6

AUGUST.2013.4

SUN	MON	TUE	WED	THU	FRI	SAT
31	1	2	3	4	5	6
7	8	9	10	11	12	13
14	15	16	17	18	19	20
21	22	23	24	25	26	27
28	29	30	1	2	3	4
5	6	7	8	9	10	11

AUGUST.2013.5

SUN	MON	TUE	WED	THU	FRI	SAT
28	29	30	1	2	3	4
5	6	7	8	9	10	11
12	13	14	15	16	17	18
19	20	21	22	23	24	25
26	27	28	29	30	31	
2	3	4	5	6	7	8

AUGUST.2013.6

SUN	MON	TUE	WED	THU	FRI	SAT
26	27	28	29	30	31	1
2	3	4	5	6	7	8
9	10	11	12	13	14	15
16	17	18	19	20	21	22
23	24	25	26	27	28	29
30	1	2	3	4	5	6

－ － － － － 折线

———————— 剪切线

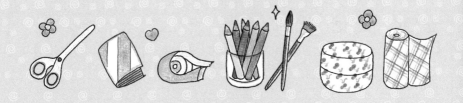

AUGUST.2013.7

SUN	MON	TUE	WED	THU	FRI	SAT
30	1	2	3	4	5	6
7	8	9	10	11	12	13
14	15	16	17	18	19	20
21	22	23	24	25	26	27
28	29	30	31	1	2	3
4	5	6	7	8	9	10

AUGUST.2013.8

SUN	MON	TUE	WED	THU	FRI	SAT
28	29	30	31	1	2	3
4	5	6	7	8	9	10
11	12	13	14	15	16	17
18	19	20	21	22	23	24
25	26	27	28	29	30	31

AUGUST.2013.9

SUN	MON	TUE	WED	THU	FRI	SAT
1	2	3	4	5	6	7
8	9	10	11	12	13	14
15	16	17	18	19	20	21
22	23	24	25	26	27	28
29	30	31	1	2	3	4
5	6	7	8	9	10	11

AUGUST.2013.10

SUN	MON	TUE	WED	THU	FRI	SAT
29	30	1	2	3	4	5
6	7	8	9	10	11	12
13	14	15	16	17	18	19
20	21	22	23	24	25	26
27	28	29	30	31	1	2
3	4	5	6	7	8	9

AUGUST.2013.11

SUN	MON	TUE	WED	THU	FRI	SAT
27	28	29	30	31	1	2
3	4	5	6	7	8	9
10	11	12	13	14	15	16
17	18	19	20	21	22	23
24	25	26	27	28	29	30
1	2	3	4	5	6	7

AUGUST.2013.12

SUN	MON	TUE	WED	THU	FRI	SAT
1	2	3	4	5	6	7
8	9	10	11	12	13	14
15	16	17	18	19	20	21
22	23	24	25	26	27	28
29	30	31	1	2	3	4
5	6	7	8	9	10	11

－ － － － － 折线

———————— 剪切线

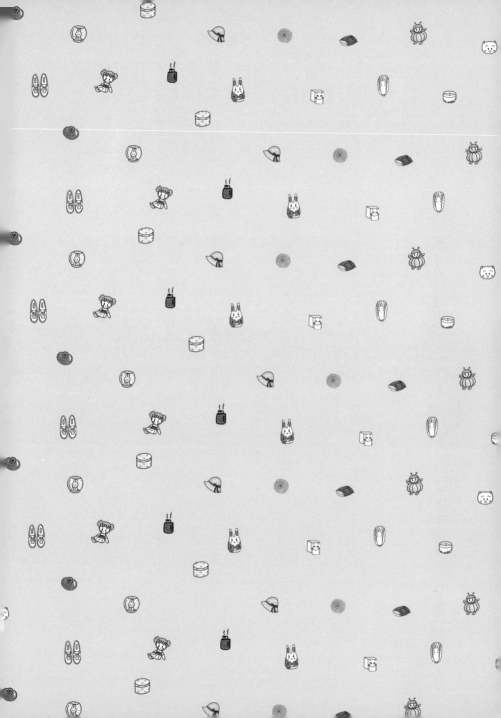

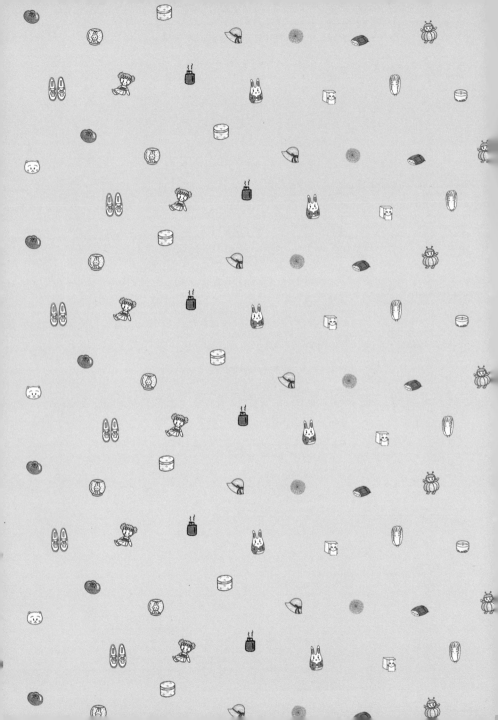